禮讚生命

現代殯葬禮儀實務

A Praise of Life: Modern Funeral Etiquette Practice

邱達能、英俊宏、尉遲淦◎著

無　限

當一杯水乾了　其實本身並沒有消失
它成為天空的雲朵　在我們需要它時
化為甘霖　再度降臨
它成為清晨的朝露　在花瓣與葉片間跳躍
讓你我天天都充滿著清新的盼望
當一滴水流入了大海　它便成了永不乾涸的力量泉源
在我們看到朵朵浪花時　便和它再度相遇相親

我們永懷的親人啊
您就像那看似乾涸的水　已流入大海的水
離開了我們
走入那永生之門　前往那永生之路

序　言

　　生命是一段旅程，自從出生開始，便隨著歲月成長，體驗生、老、病、死的幾個階段，逐漸走向終點。在生命禮儀的實踐經驗中，Arnold Van Gennep 所提出的「通過儀禮」理論，應是被普世公認的一套法則，在漢民族傳統的習俗中，自從出生、成年、到結婚都有不同的生命禮俗來協助通過這種生命過渡儀式。面對親人的離世，也有一套非常嚴謹的「喪禮」來協助逝者及其家屬，接受親人離開人世的事實。而生命流程中最終的關卡，需要一家人以「命運共同體」的凝聚共同參與，才能幫助逝者通過，且完成這項莊重的禮儀。

　　台灣自光復以後，早已由農業社會進入工業社會進而資訊社會，可是關於喪儀方面卻多承襲明清及日治時代之舊制，雖然部分已隨時代改良，卻也因千里不同風、百里不同俗的緣故，添增了許多似是而非的習俗。國人平日皆忌言喪事，喜談吉慶，若遇家族親人的往生即手忙腳亂，無所適從，只能聽從葬儀人員或地方上三兩位頭兄的指導，若無正確且合乎時宜的禮俗規範，花錢受氣又徒增困擾與慌亂，也破壞喪事哀淒之情，故處理喪事之基本禮俗，為人家屬者不能不知。

　　基本上國內傳統的喪葬活動是由一系列的儀式所組成。整個治喪流程可分為三個階段：即「殮」（淨身入棺）、「殯」（停棺奠拜）與「葬」（安厝入土），每一階段都具有一些特殊的陳設和儀禮。而現代化的殯儀服務加入了臨終與葬後的關懷協助，更落實了殯葬儀禮的「緣、殮、殯、葬、續」的完整流程。禮儀制度為民間社會深層的結構文化，用以維繫社會倫理正常的秩序，藉由這些儀節以及儀節間的銜接關係介紹，可使讀者對殯葬行為有大體上的了解。

　　本書為本校生命關懷事業科執行教育部社會責任 USR Hub 育成種子計畫，為苗栗在地進行關懷生命深耕與培訓研習計畫三項工作目標其中之一的計畫成果。本計畫結合在地的縣市政府公部門殯葬單位、殯葬服務業者、本科教師專業發展、學生學習與就業實習以及社會大眾……等五個面向，配合縣市政府業務單位順利完成禮儀服務業務評鑑工作，推動殯葬服務專業化，讓殯葬業者透過輔導，建立專業性，提升品質，助益其生涯事業之經營與管理；教師亦能藉由自身專業深耕再提升創新教學與開設創新課程；並藉由產、官、學所營造的合作契機，增進學生學習與實務能力來增加學生實習就業機會；更期待讓民眾在治喪期間獲得高品質之殯葬相關專業知識與服務。本書由三位作者共同執筆完成，希望對所有的讀者能夠提供另外一種想法。感謝教育部經費的支持以及揚智文化公司的閻總編輯及所有編輯群工作人員的努力付出，讓本書得以順利付梓。

　　　　　　　　　　　　　　邱達能、英俊宏、尉遲淦　謹識

目　錄

1.臨終關懷

　　許多家屬第一次遇到家中有人不幸往生時，都會手忙腳亂，手足無措，加上心情遭受巨大衝擊，往往很難靜下心情，思考如何為先人送最後一程。因此在未經仔細考量或對殯葬儀程不清楚的狀況下，就直接委託禮儀業者處理，以致產生不必要的糾紛與遺憾。因此有必要了解殯葬流程各個步驟，避免六神無主，就能順利為逝者送行，減少對日常生活上的影響。

第一節　臨終諮詢

　　臨終諮詢的重點包括：

1.對禮儀服務業者的第一印象。
2.確認家中是否有長輩忌諱談論死亡，若有應迴避。
3.治喪流程介紹（**圖 1-1**）。
4.豎靈、停靈地點討論，以利親人離世時，治喪流程順利安排。
5.大體保存方式、葬法的溝通。

第二節　臨終準備

　　若欲將病患接回家中往生，應先與主治大夫聯絡後續配合事宜，例如開立死亡證明書，安排救護車接送等；家中須準備水舖、腳尾飯等……（建議提早與禮儀師聯絡）。

　　遺體若欲接至殯儀館存藏，建議家屬幫往生者換上輕便服裝即可，以利後續存藏入殮事宜，並請先與醫院結清所有費用及開立死亡證明書……等。

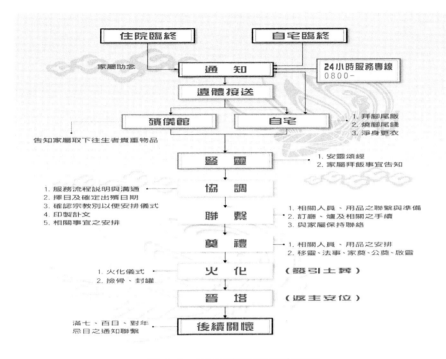

圖 1-1　現代殯儀服務流程圖

第三節　通知業者服務安排

一、提供相關資料

要提供的相關資料包括：

1.案主姓名、年齡、宗教、聯絡人資料。

2.案主狀況：已往生？回家嚥氣？病危通知？

3.病因。

4.體型。

5.地點、送往地點。

二、準備事項

1.準備病人出院服裝。

2.開立死亡證明書：

(1)醫院過世：備齊亡者身分證、家屬身分證、印章，醫院開立死亡證明書。

(2)在家亡故：備齊亡者身分證、家屬身分證、印章，通知衛生所開立死亡證明書。

(3)意外死亡：備齊亡者身分證、家屬身分證、印章，到派出所報案，請檢察官開立相驗死亡證明書。

3.死亡證明書開立原則：

(1)醫院醫師開立死亡證明書之情況：

①醫院就醫之病患，因疾病不治死亡者，由該院醫師開立。

②臨終自動辦理出院後死亡，可判斷為病死者，死亡時間由申請人具結證明，由醫院醫師開立。

(2)非由醫院醫師開立死亡證明書之情況：

①臨終自動辦理出院後死亡，家屬可通報衛生所或轄區員警，備齊醫院開立之一般診斷證明書或病歷摘要，進行行政相驗後開立。

②非主管機關指定之醫療機構醫師，基於便民，對無醫病關係之病故者，若應其家屬要求，親自前往亡者處所檢驗遺體狀況，依據醫師專業知識，並參酌家屬之陳述或原診醫院、診所所提供之病歷摘要或診斷書等，經由審慎判定死亡原因及時間後開立。

③到院前無生命跡象，無論醫院是否曾施以急救，無法判斷死因者，由醫院填報司法相驗相關表單，逕行通知警察機關請求司

法相驗。

(3)下列狀況應報請司法相驗，醫院醫師只開立一般診斷證明書，不
得開立死亡證明書：

①非病死或可疑為非病死者。

②事故傷害、意外死亡者。

4.若自宅豎靈，是否準備腳尾飯、安靈祭品。

三、等候

保持平靜情緒，若為佛教信仰可持誦佛號，等待業者到達。

2.治喪流程

　　家屬第一次協助逝者處理喪葬事宜，對於傳統殯葬習俗大多一知半解，也不知禮儀業者為何要進行這些儀式。為了讓讀者了解這些舊慣習俗的程序與內涵，也提供民眾現今通用的殯葬禮俗，特將儀節整理如下：

第一節　儒、釋、道信仰禮俗

一、臨終現象

　　病者將逝之前通常有迴光返照的現象，俗稱「反青」，會有託孤及立遺囑之行為，或分手尾錢。假如氣息奄奄轉為冒汗，俗稱「爬坡」。

　　如果先人此時思慮清楚，家屬應把握時間忍住悲痛，將所有有關法律之問題，包括：財產繼承、動產、不動產、車輛、保險之處理方式及證件擺放位置都先釐清，以免先人往生後，造成家屬處理上的困擾。

　　「冷喪不入莊」，從前人在外去世者，遺體禁運回家中或村中，此係當年衛生常識封閉下村人深恐瘟疫流行之言論。現今醫療衛生發達，判定死亡原因科學，故無此種顧忌；惟年紀輕者亡故，恐家中長輩悲傷難受，仍有少數不在家治喪的做法。

二、拼廳舖水舖

　　病人去世之前，子孫即應準備壽衣並先將大廳打掃乾淨，準備舖放水舖（水床），俗稱「拼廳」。拼廳後，即要舖水舖（昔為門板）或以厚木板一張（六尺長三尺寬左右）用椅子墊高置於廳旁，勿緊靠牆壁。

　　古禮男徙正廳，女徙內室；男移龍方（進門之右方），女移虎方（進門之左邊），或者一律置龍方（有長輩在則徙虎方）。

水床搭設

棺圍與遮神

　　現今水鋪大多由殯儀業者提供組合式床架，也因住宅門戶不一，可依地形之便安排置放，但原則以頭靠內，腳朝外，床位不宜壓在橫樑下。

三、臨終助念

(一)助念的意義

　　在佛、道教的信仰中，都有助念的儀節，旨在協助逝者順利到達到其信仰中的國度。目前在民間的助念儀式，又以佛教比較常見，概述如下：佛教教主釋迦牟尼佛宣說了西方極樂世界的存在，極樂國土是阿彌陀佛所掌理的國度，祂發了四十八大願來救度渡眾生，其中第十八願是這樣講的：「我作佛時。十方眾生。聞我名號。至心信樂。所有善根。心心回向。願生我國。乃至十念。若不生者。不取正覺。唯除五逆。誹謗正法。」又《阿彌陀經》云：「若有善男子善女人，聞說阿彌陀佛，執持名號，若一日，若二日……若七日，一心不亂，其人臨命終時，阿彌陀佛，與諸聖眾，現在其前，是人終時，心不顛倒，即得往生阿彌陀佛極樂國土。」所以只要您念「阿彌陀佛」，阿彌陀佛就會接引您到西方極樂世界。

(二)助念注意事項

　　1.若於醫院病危時，請家屬先行了解醫院是否有助念場所與相關之規
　　　定。

2.人斷氣後，非不得已不要移動或觸摸逝者，家屬勿哭泣，念佛最要緊。

3.念佛號時，速度要慢，聲音要柔和，逝者因神識尚未脫離，聽覺尚有，念太快會使逝者急躁而起瞋心。

4.每三十分鐘須在逝者耳邊開示，提醒逝者念佛。

5.若生前染有傳染性疾病或往生後大體有腐敗（味道）現象，禮儀業者應告知家屬並安排存藏大體，請家屬隨緣勿執著。

(三)佛教助念儀節

1.《第一段開示文》（請先說法安慰，勸導一心念佛，由法師、居士或家屬宣說）：「○○居士（或稱菩薩，若未皈依即稱女士、先生、老太太、老先生），現在請您什麼也不要想，清楚地聽幾句佛法。佛說人有生、老、病、死，這是必然現象，所以對死亡不必害怕，離開這個世界後，若能往生佛國，是最幸福的。阿彌陀佛很慈悲，祂發願若人臨命終時，一心正念念阿彌陀名號，祂就會來迎接您到西方極樂世界，所以請您將萬緣放下，一心念佛，念「阿彌陀佛」，阿彌陀佛一定會接您到西方極樂世界，○○您一定要記得將萬緣放下，一心念阿彌陀佛。」

法師帶領臨終助念

2.念佛：「阿彌陀佛」。

3.《第二段開示文》（每三十分鐘開示一次）：「○○居士，您有沒有在念佛？要念「阿彌陀佛」，阿彌陀佛很慈悲，一定會接引您到西方極樂世界，去那裡過著無憂無慮的生活，但是您一定要將萬緣放下，不要留戀這個世界的一切，阿彌陀佛要接您去，您一定要跟祂去，但要記得只有阿彌陀佛、觀世音菩薩、大勢至菩薩這三尊來接您，您才能跟祂去，其他不論誰來接您，您都不要跟祂去。」

4.念佛：「阿彌陀佛」。

5.回向偈（於助念最後唱或誦）：「願生西方淨土中，九品蓮華為父母，華開見佛悟無生，不退菩薩為伴侶。」

四、遺體接運

在醫院或在醫院以外其他處所死亡者，家屬可委託合法殯葬禮儀服務業者，將遺體接運至殯儀館或喪宅。

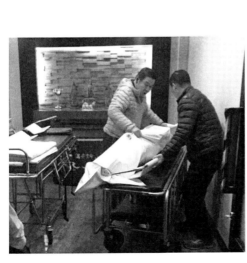

遺體接運服務

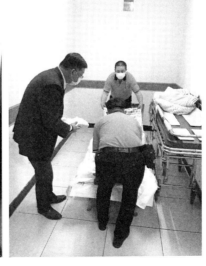

殯儀館內安置大體

五、遮神

　　病人若以大廳為壽終殮殯之所,因大廳供奉有神明、祖先,一旦嚥氣,要進行沐浴、更衣等流程,怕對神明、祖先不敬,俗稱「見刺」。因此將病人移入大廳時,必須用米篩或紅紙遮住神明及祖先牌位,俗稱「遮神」,大殮入棺後再行除去。

※若家中神明廳與停靈不同地點,或停靈在殯儀館治喪,家中供奉的神明　與祖先不必遮神。

六、易枕蓋水被

　　逝者過世後,子孫用石頭或一支大銀紙作為屍枕,說如此子孫才會「頭殼硬」聰明之意,實則將頭頂高,面容才會收下巴,不致張口不雅觀。遺體上棉被須去除改罩水被,以免加速腐壞,現今業者均有提供整套的上下被、頭腳枕使用。

七、陳設腳尾物

　　舊慣在逝者腳尾附近置油燈,謂之長明燈(照明用),米飯一碗(此飯昔日須於露天炊煮,用大碗盛滿,愈滿愈好),放一枚熟鴨蛋,並直插竹筷一雙,即「腳尾飯」,意乃使亡者不必挨餓,並有力氣赴陰府。用一只大碗裝砂當香爐(腳尾爐),燒「腳尾錢」(沿途買路錢與牛頭馬面等使費),昔者亦有燒「腳尾轎」(代步用)。

※現在於殯儀館治喪者大多省略之。

燒腳尾錢

燒化腳尾轎　　　　　　　腳尾轎

八、停靈舊慣

1.有逝者家人打破碗（破煞），俗諺「碗碎人平安」，隨後舉哀等習俗。

2.子媳傍靈守護，防貓接近。

3.民間習俗認為，農曆七月為鬼月，許多孤魂野鬼四處遊蕩，而臘月底，則近年關。凡於此二時去世者，其家人必須於門外吊一塊豬肉，以防死者遭野鬼刈肉。由於民智日開，此項風俗已經罕見。

4.請僧尼「開魂路」（轉西方）或誦腳尾經，如《金剛經》、《阿彌陀經》等。

九、示喪貼紅

在喪宅門口明顯地方通常貼上示喪紙或懸白布示喪，並以表白逝者的身分，以白紙黑字寫明「嚴制」或「慈制」或「喪中」（長輩尚在晚輩去世時用之）。紅色春聯應撕除，用油漆書寫的紅聯則應貼上白紙條。喪家子孫及幫忙人員於料理喪事期間難免干擾鄰居，為敦親睦鄰，應為附近鄰

居大門貼一塊紅紙，以示吉凶有別，一說趨吉避凶，實應為舊時環境無門牌號碼，方便來弔唁者尋找之意。

※出殯日啟靈後始撕除，並由法師灑淨，貼上淨符。

※未在自宅治喪者，不須在門口張貼示喪與貼紅。

十、製作孝服、孝誌

大殮之日，家屬為逝者初著喪服，是謂「成服」。喪服依親疏分為斬衰、齊衰、大功、小功、緦麻五服。喪事所用布料多為白布，孝服若是自製，則以古禮的（麻、苧、藍、黃、紅）布料材質，以表現與逝者關係親疏。喪服原是家屬在喪期中須穿著之服裝，但時代演進迄今，大多僅在舉行宗教儀式及告別式時穿著，客俗多在功德法事前行開鑼、點主，始有成服之儀式。

古制上的孝服區別，分別如下：

1.麻布：子女、兒媳、長孫等子孫輩用之，為最重孝。
2.苧布：出嫁女兒、婿、孫、侄、甥等孫輩用之，為次重孝。
3.藍布：由曾孫輩用之。
4.黃布：由玄孫輩用之。
5.紅布：由來孫輩用之。

在喪禮上經常可見有些親友孝服為白布，是由逝者平輩與外親所使用。

現在各地禮儀業者、老人嫁妝店皆備有孝服出租，城市地區喪家大多採用租借，很少有人自製。而孝誌是供逝者子孫配戴，習慣以逝者性別區分戴左臂或右臂，以示居喪之標誌。

現今由於多數宗教團體的提倡，孝眷家屬改穿黑袍或白袍，僅以臂上之孝誌區別輩分，也不失莊嚴整齊。

傳統麻苧孝服　　　　　　　　　現代黑袍孝服

十一、報喪

　　家中有喪要立即通知族親，母喪「報白」於娘家，昔者報白宜親自踵府去報喪，並呈藍白布各一條，舊慣收白布退藍布，表示會親臨弔唁；收藍布退白布，則表示不往來。這也是現今常見外家回禮──青白巾的由來。現在多改用電話的方法，但簡化須詢問外家長輩之意思，以免失禮。另父喪亦建議要報伯叔、姑母等，以示尊重。

十二、哭路頭

　　昔日長輩嚥氣時未隨侍在側之子孫，自外地奔喪回去，必須匍匐入門，表示自己不孝，奉養無狀。而這習俗多指逝者已嫁之女或孫女接到噩耗，要立即換著素衣奔回娘家，在距喪宅不遠處，即匍匐跪下沿途號哭聲極淒冽至宅門，此之謂「哭路頭」。

十三、買棺

　　親人亡故後，棺木須於入殮之前購之，台人不分閩、粵，欲求吉利，買棺材稱為「買大厝」，或「買大壽」。父喪由伯叔一人陪孝眷挑選，母喪由外家一人陪孝眷去，另外可請一位懂木材之鄰友作陪。棺木材質土葬與

火化所用不同，通常選定後會在棺身上簽名確認，以求買賣雙方之保障。

十四、放板、接板與磧棺

棺柩乃由六塊木板組成。蓋稱為「天」，底稱為「地」，左右稱為「月牆」即左日右月，前為「福頭」，後為「壽尾」。殮前曰「棺」而殮後始曰「柩」。

棺木買定運回，將棺木送到喪家，俗稱「放板」。壽板運到離喪宅附近要暫停，待孝眷等穿戴孝服來跪接，俗稱「接板」。接板時喪主須帶一袋米、紅包、一只桶箍蔑、一支新掃把。米與桶箍蔑放在板上，俗稱「磧棺」，以壓棺煞之意，道士則唱言：「白米壓大厝，子孫年年富。」新掃把則用來掃除棺上灰塵，從天頭向天尾掃出，掃後丟棄；同時孝眷每人持銀紙做擦拭棺木狀，並將孝服衣裙盛裝些許捲好的銀紙在棺前燒，待燒畢，棺木才抬進家門，棺木抬進廳堂，孝眷則尾隨爬入家門。抬棺入屋要頭先進，俾便入殮時頭內腳外。現在於殯儀館治喪者多省略此一儀節。

跪迎壽板

磧棺掃棺

銀紙淨棺

棺前燒化銀紙

十五、乞水、沐浴、穿壽衣

舊慣由子孫等人穿著孝服前往大圳溝或河川，為首者帶瓦鉢、香、四方金、 兩枚硬幣，抵水濱燒香向水神（水公、水婆）禱告，因某人去世，向水神乞水以便沐浴，舀水不可逆向，尤忌重舀。今人住於都市嫌河水髒或離河川太遠，也有人以水桶盛裝自來水，置於露天處行乞水之禮。乞水完畢後，即為亡者沐浴及穿壽衣。

亦有要求嚥氣前為臨終者擦拭身體，謂之「淨身」。淨身後隨即穿上衣服，上衣通常五件七層（多者九層或十一層，年輕者有三件四層）、白襪布鞋（部分宗教信徒主張不可著皮鞋，若著皮鞋宜以紙貼底）。女體梳妝，則由媳女為之，媳婦梳頭，女兒裹足，俗諺云：「媳婦頭，女兒腳。」

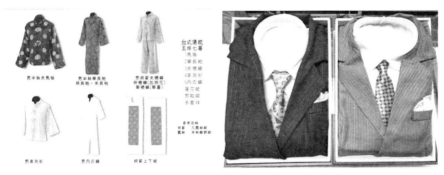

男五件七層傳統壽衣　　　　　　　　西裝壽衣

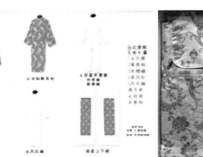

女五件七層傳統壽衣　　　　　　　　鳳仙裝壽衣

　　舊慣張穿壽衣須經「套衫」儀式，即孝男戴竹笠，立於竹椅上，取壽衣前後相反，套諸孝男身上，一次脫除以便穿於屍身，此謂之「套衫」。

　　現今如不依傳統準備壽衣，亦可依遺囑或亡者喜好，準備亡者生前喜愛的衣服。另有「禮體SPA」提供完整的洗身、穿衣、化妝服務流程，也為現代的創新專業服務項目。

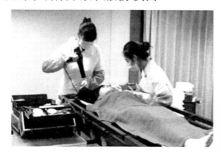
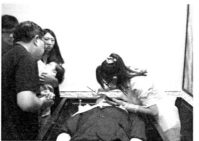

禮體SPA服務　　　　　　　　大體化妝

十六、放手尾錢、辭生

　　第一，大殮前，把預放在亡者手中或衣內之錢取出，放入米斗內，分給子孫每人一些，稱為「放手尾錢」。此象徵留下財產分給子孫，也代表責任之傳承。俗諺云：「乞得手尾錢，子孫富萬年。」

　　佛化版本如下供參考：孝眷請三拜，請父（母）親用餐。我們再次感謝父（母）親，您賜給我們最珍貴的財富是智慧和勇氣，現在要藉由進行世俗禮，放手尾錢的儀式，來傳承您的言教身教，善行美德，讓我們知福、惜福、再造福，並且以您留給我們的資糧，廣造福田，廣納福緣，阿彌陀佛（請所有孝眷三拜，長男代表領受手尾錢奉入米斗）。禮成，阿彌陀佛。

　　第二，為逝者大殮時，餵逝者最後一餐，謂之「辭生」。家屬準備十二道菜，如豆、豆干、魚丸……等供饗，由殯葬業者或子孫代表，把十二道菜逐一端起來，每端一碗作餵食狀，便說一句吉祥話祝禱，「吃一口甜

放手尾錢儀式　　　　　　　　辭生儀禮

豆，子孫活到老老老；吃一口豆干，子孫做大官；吃一口魚丸，子孫中狀元；吃一口豬肉，子孫田園買萬甲；吃一口雞頭，子孫個個有出頭。」

　　佛化版本如下供參考：老菩薩……阿彌陀佛，現在跪在您身邊的都是您最疼愛的兒孫們，因為感念您一輩子的無私奉獻，養育教育。在您往去西方之際，敬獻十二道甘露美味，以報答您的教養大恩於萬一，感恩您，感謝您，請您歡喜享用，阿彌陀佛。

十七、大殮

　　通常親人嚥氣後二十四小時內擇吉時入殮，部分公立殯儀館規定二十四小時後始得打桶入殮。入殮時子孫環視，由子孫親自為之，現今多由殯葬業者執行。要上被下褥、枕（內裝銀紙或狗毛、雞毛之菱角枕）、壽內、庫錢、生前物品。棺底最好先舖茶葉等，亦有置七星板，左腳踏金紙，右腳踏銀紙。手執桃枝，壽衣口袋都縫住，胸前放「照身鏡」，再以錢或衛生紙繫於遺體旁固定之。

　　遮身旛（約一丈長白布）覆上，其超出柩頭部分剪下分與媳婦撕裂成細條做成「手尾錢」，超出柩尾部分剪下分與女兒收藏。這項習俗部分地區已省略。

庫錢及棺內用品

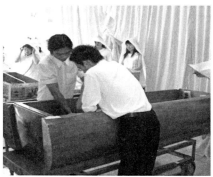

入殮人員擺放隨身庫錢

客俗抽褲儀式

孝眷致上最後的祝福

　　客俗大殮時放數套衣服，於蓋棺前抽出褲子，稱「抽褲」，有「亡者得衣，子孫得褲（富）」之意。

　　入殮後請棺材店工人用布及桐油將柩縫密封，現在多用矽利康密封，使其不致透氣而停柩於屋內，謂之「打桶」。

　　現今若將遺體送至殯儀館的冰櫃，或由殯葬業者代訂提供活動式冰櫃，採用冰存來保存遺體，大多在奠禮前或奠禮當天再行入殮儀式，或暫不蓋棺可供瞻仰遺容。

　　蓋棺前，由家屬親友對逝者說出最後的思念或「道謝、道歉、道愛、道別」的祝福，如：「謝謝您的照顧，陪伴我走這一生。如果之前有對不

起您的地方，請您原諒。這一生您辛苦了，我真的好愛您。有一天，我們都會在另一個世界再見。」

十八、豎靈

　　第一，於喪宅或殯儀館內，依逝者的宗教信仰，設立靈桌，布置適宜的靈堂。

　　第二，自宅豎靈通常靈堂以白布遮柩，俗稱「圍九條」，即以一全疋白布，用竹竿架吊起，彎九次後將屍床圍起來；於正廳一隅置靈桌供奉魂帛，置蠟燭、鮮花、果品（舊慣有鳳梨、香蕉、釋迦與成串的水果為禁忌供果之說），桌上設立魂帛及桌嫻，架遺像，逝者衣服鞋襪置於椅子，禮請法師設立魂帛，帶領家屬靈前引魂誦經。靈堂燈火日夜不熄，已備親友之弔唁。

殯儀館靈位區　　　　　　　　自宅靈堂布置

靈桌上擺設　　　　　　　　法師帶領安靈誦經

第三，拜飯流程：應由家屬準備奠品在早、晚或按三餐祭拜。昔日多由孝眷擔任拜飯工作，今日可由家屬自行分工；如果家屬時間無法配合，亦可委請殯葬服務業者代為處理。

1. 供品：飯菜各一碗、茶水一杯、筷子一雙、大小銀紙各一支、往生錢、蓮花、元寶少許。

2. 早供（上午六點至九點，可依當地風俗習慣調整時間）：
   (1) 上香。
   (2) 呈盥洗用具（洗臉盆、牙膏、牙刷、毛巾、漱口杯內裝水）。
   (3) 上飯菜、茶水恭請用餐（金童玉女各一杯、飯菜、筷一雙）。
   (4) 俟半炷香（或十五至二十分鐘）後擲筊請示是否吃飽再收餐具等（金童玉女早供後餐具不收）。

3. 晚供（下午三點至六點，日落前，可依當地風俗習慣調整時間）：
   (1) 上香。
   (2) 上飯菜、茶水恭請用餐。
   (3) 俟半炷香（或十五至二十分鐘）擲筊請示是否吃飽，餐具與金童玉女餐具一併收取。

4. 晚上約九點至九點半（平常就寢時間）上香後，備盥洗用品，請逝者就寢。

第四，告知孝眷服喪儀節：

1. 不宜參加聚會慶典。

2. 服儀樸素，保持整潔；飲食有節，生活從簡。

3. 不宜上妝修指甲、搽指甲油、刮鬍鬚、剪燙髮，工商社會可適度調整。

4. 於服喪期間因工作需要外出或拜訪他人時，可將孝誌寄放於靈桌

前，俟回家後於靈前再行配帶，俗稱為寄孝。

第五，靈堂撤除後，依舊慣原來停柩處置一木炭火爐以去晦取旺，放碗筷若干把（一個子女一把），另置一桶水內放錢幣，以祈「錢水活絡」，並置一圓形竹盤內盛發粿及十二粒紅圓（閏年加一粒）以求圓滿，或加一箍桶箍以警惕子孫須團結。

閩南式壓棺位除靈

客俗壓棺位除靈

常見除靈用品

十九、治喪協調

家屬心情沉靜後，接下來就是要和殯儀業者洽談先人後續禮儀規劃，喪禮可以很隆重，也可以很簡約，令人難忘的喪俗、告別式不一定非得金

錢堆積，花費重金並非表達對先人敬意與懷念的唯一方式。殯葬禮俗的開支，每個項目彼此之間，甚至各禮儀業者間差異都很大，業者收費價格之高低，涉及業者服務成本、服務態度、殯葬用品品質等問題，但須跳脫最貴就是最好的迷思，安排最妥善的流程，去除不必要的開銷，減少不必要的額外支出，或者多聽聽專家、長輩的意見，就能讓禮俗辦得隆重又感人，也表現出對先人無上的敬意。

　　一旦決定喪禮的進行方式，請記得和殯葬業者訂定書面契約，以避免不必要的糾紛；至於契約的範本，請上網內政部「全國殯葬資訊入口網」，網站內有「殯葬服務定型化契約範本」可供參考，範本內各種細項服務都有十分嚴謹的內容規範。又《殯葬管理條例》第49條第1項規定：「殯葬服務業就其提供之商品或服務，應與消費者訂定書面契約。書面契約未載明之費用，無請求權；並不得於契約簽訂後，巧立名目，強索增加費用。」故喪家於簽訂書面契約前應詳細審閱契約內容，於業者收取費用時並應索取收費明細，以核對契約約定費用與收費憑證記載費用是否相符。

　　殯葬業者與家屬召開治喪協調會議，講解治喪流程及規劃服務項目。家屬應準備：死亡證明書（三份）、主事者的身分證影本及印章、逝者的底片或照片。協調事項如下：

1.擇日：依殯葬設施的使用狀況與孝眷家屬的生肖，以沖煞原則選擇入殮、出殯、火化或安葬之日期與時間，若選擇土葬方式，宜先選定墓地方位再進行擇日。

2.訂廳、爐：出殯日期決定後，應立即租訂相關殯葬設施。若於自宅治喪，須另至當地警察機關提出道路搭棚申請及報備出殯路線。

3.確定訃聞內容：

　(1)確認親屬基本資料：逝者的出生年、月、日、時辰（提供國曆與農曆兩種資料）及家屬親屬表（與逝者的關係和姓名）。

治喪協調內容用品

(2)依照上述的時間與親屬基本資料，殯葬業者會讓家屬填寫家屬名
單，並幫您撰寫其他的內文，完成之後交由家屬校對，確認無誤
後再送稿打樣。

(3)將打樣好的訃聞再確認一遍，如果校對都沒有錯誤，就可以送稿
付印。

4.喪禮的宗旨，在傳達您對逝者的懷念及追思，也在表現逝者的生命
價值，讓所有的親友永懷於心，只要能夠達到這樣的目的即可，不

訃聞校稿與印製

準備回禮毛巾

需要浪費多餘的資源及過度鋪張的儀式。

5.逝者有自己的宗教信仰，地方習俗及社會地位，殯葬業者應將注意的事項向家屬清楚解說，且提供當地實際使用的用品或照片供家屬挑選，並確定治喪流程與內容，包括遺像準備、奠文、禮堂布置、席位安排、奠禮儀式用品準備、運輸工具等。相關治喪費用單在討論確定後，家屬應簽名並保留一份以保障自己的權益。至於協調內容也須詳細記錄在備忘錄上，避免遺漏。

6.奠禮流程可分為家奠、公奠兩大流程，可參考業者提供的流程表，殯葬業者也會給您一些建議及安排。若要為逝者設計一段特別的流程，應先告知，並且事前與司儀……等服務人員溝通。

7.治喪期間親友前來弔唁或致贈奠儀，坊間均以禮簿登記，多以毛巾、手帕或謝簿登記答禮，家屬應依照可能前來弔唁或送禮致哀的人數估算回禮數量，並委託殯葬業者代為準備，以免屆時失禮。

8.治喪過程中有許多繁雜瑣碎的事，仍須家族成員的協力配合，主事者應與家族成員協調整個事宜，尤其是奠禮的進行，需要的人手尤其多，應事先排定工作人員。通常殯葬業者會協助安排奠禮中的專業人員，如：司儀、禮生、樂隊、誦經人員、移靈人員、靈（禮）車司機。而須由家屬委請親友協助的工作有：受賻、收禮人員、接

待人員、親友送行車輛……等。

9.若為火葬規劃，家屬務必於出殯前至安奉之寶塔辦妥相關之手續，以利晉塔安奉，功德圓滿。

二十、守靈期間

第一，在宅守喪期間，即使是晚上，靈幃前都要有親人守靈。守靈具有事死如事生的本質，表達晨昏定省的意義；除此之外，更提醒要隨時小心火燭及門戶，並請注意家屬們的身體，夜深露重，應適度添加衣物，並防止蚊蟲咬傷。

第二，如果家屬因工作的關係，無法早晚供飯，建議將靈位安置在殯儀館或私人會館中，殯葬業者能提供專人供飯服務，香火只要您前往探望逝者時添上。

第三，守靈注意事項：

1.香火不斷：通常香都用「環香」或「大支香」，時間較久，注意不要讓香火中斷，香火有世代相傳、子孫綿延之意（若不小心中斷，也請不用擔心，因為這只是習俗）。

2.小心火燭：靈前通常有一對蠟燭，可改用電燭台比較安全。

個人式靈堂

私立安靈會館服務

3.保持清潔：靈堂及靈桌到了一定時間都會累積香灰，可適度的整理一下桌面，舊慣雖禁止打掃，實為家眷喪親無心清理，而符合時宜應保持清潔，以表對逝者的尊重。

4.準備謝禮文具用品：居喪期間會有親友先行前來弔唁，可以先行準備謝禮用品備用。

5.來賓拈香：

(1)靈前若有供奉三寶佛像，家屬先燃香給親友祭拜佛祖。

(2)燃香祭拜逝者，讓其向逝者致意。家屬在側告訴先靈「某某人前來祭拜……」，並向來賓回禮致謝，同時自來賓手中接香插入香爐。

(3)來賓離去時切勿說再見，僅點頭致意即可（習俗：來無請，走無辭）。

賓客捻香致意

二十一、法事功德

　　《地藏經》中提到，人死之後的四十九天誦經助念，可以增加亡者轉生善道的善因，民間習俗有在四十九天中，每七天為亡者做法事的儀軌。依佛教的觀點，為亡者修福布施、供寶、救濟貧窮、利益社會，乃至布施

一切眾生離苦得樂，以此功德回向逝者，都是促成逝者超生離苦，往生佛
國的助緣。所以家屬若能禮請供養法師，並親自以虔誠、恭敬、肅穆、莊
嚴的心情跟隨法師的引領，持誦、聆聽或禮拜，感應諸佛菩薩的慈悲願力，
以佛法給予逝者救濟、開導，使之化解煩惱業力，離苦得樂，如此福慧雙
修，冥陽同霑法益，才是佛法所謂做佛事的真諦。

佛教法事功德壇布置

水懺法會跪拜

客俗點主儀式

客俗開鑼儀式

　　民間習俗中，最普遍的是做七法事，是由孝眷們藉著誦經拜懺、做法
回向，來消減逝者累世的罪過或痛苦，並祈求神佛寬宥，得以往生極樂淨
土。客俗多在功德法事前行開鑼、點主、成服後才開始進行法事。目前做
七法事大多分為以下幾種：

法師法事介紹與開示

1.頭七——兒子七（大七）。

2.二七（小七）。

3.三七——出嫁女兒七（大七）。

4.四七（小七）。

5.五七——出嫁孫女、侄女七（大七）。

6.六七（小七）。

7.滿七——兒子七（大七）。

　　現代人大多只做大七（頭七、三七、五七、滿七），也有因為工商業社會子孫事業繁忙，無法按日做七，有人會在出殯之前擇吉時將七做完（俗稱切七），但頭七仍應按照七天計算，不宜提前。

　　現代社會由於性別平等的觀念覺醒，女性的自主權已不成問題，因此國人多已不再嚴禁女兒只能於「女兒七」回家祭拜父母親，而是只要做七或其他喪禮儀式，不論兒子或女兒都可出錢出力辦理。當然逝者沒有生女兒，女兒七就由兒子全權負責。

　　針對佛、道教的信仰各有不同種類及規模的佛事功德，可以根據逝者生前的信仰加以選擇安排。法事功德時間較長，大多費時費力，應提醒孝眷家屬在傳達心意的同時，要量力而為且保重身體。

在道教超拔科儀中，法師會誦念經文，拜請太乙救苦天尊來超升拔度亡靈，所謂「救苦天尊，薦拔亡靈早超生，一炷清香神幡通法界，九泉使者引魂來」，進行施法、施食、引魂、帶領過橋受渡等科儀，也誦經告誡亡靈聞經聽法覺悟超生，以脫離苦海。舉行告符迎赦、解冤結科儀，確保亡靈放下執著。水火煉度環節為執行法會儀式的高功法師，以變身為太乙救苦天尊為亡靈沐浴化衣，以期亡魂煉神返炁，濯形澡質，洗心滌慮，轉化為陽神充沛的仙界形體，準備上天朝見太上老君，以成全逝者離世之悲，昇華為成仙之喜。

道教法師誦經渡亡

道教渡亡科儀

二十二、選擇安奉地點

墓地與納骨塔是逝者永久安息的地點，是殯葬禮儀的重點，如果沒有祖墳或家族塔位，選擇墓地或納骨塔有一些原則可供家屬參考：

1.環境幽雅、衛生、交通方便。
2.若為民營單位，則應為合法的公司，並有清楚的權狀證明。
3.根據內政部規定，殯儀館、火

道教法師迎赦解冤科儀

　　葬場及納骨塔均為殯葬設施，因此納骨塔應設立於殯葬或墳墓用
　　地。

4.為逝者生前的意願。

5.若為寺廟單位，則應了解是否為墳墓用地並擁有建照之合法性。

6.塔位、墓園並非家人經常進出的地方，未必選擇離家近的地點，要
　　避免長期有爭議性或不合法的地方，以讓後代子孫安心。

公立納骨堂塔

納骨堂塔位區一隅

私立墓園與納骨塔

二十三、奠禮準備事項

1. 殯葬業者會幫家屬依治喪協調內容，將奠禮會場的布置及現場服務
   人員做好安排，可在會場布置好後，依照喪葬費用單的項目一一清
   點確認。

2. 親友可能會提前送來一些輓軸或花籃，應該提早告訴業者，布置用
   品應於奠禮前一日送達業者或現場，以配合會場的整體布置。

3. 棺內陪葬衣物以棉、毛類為原則，避免金屬、塑膠類飾品，陪葬物
   品請於入殮前轉交給殯葬業者。

4. 奠禮如有助念團體、陣頭，請先行告知以利流程安排。

5. 奠禮當日心憂勞累，餐飲請特別注意（尤其是早餐），請勿空腹以免

致贈花籃布置

貼拜水果籃擺放

助念宗教團體安排

送葬陣頭安排

輓聯輓額吊掛布置

體力不支。

6.奠禮當天請備協助之親友謝禮（受禮人員、司機、招待人員等），奠禮進行如欲留下追憶，請安排照相或攝影人員。

7.出殯奠禮結束後，民間有「遺食」的習俗，會請幾桌外膳感謝居喪期間前來幫忙的親友，現今的禮儀服務通常已交由專業禮儀公司執行，所以不鼓勵遺食的習俗。若真有必要可在奠禮現場準備一些飲料及餐點，供前來幫忙的親友食用。

8.會場如有致祭之罐頭塔，應備布袋、紙箱，以便在奠禮結束後，收取親友饋贈的弔唁品。

9.由於奠禮會場人員出入繁雜，為免除不必要的困擾，請特別注意保管受付人員所經手之奠儀。

10.奠禮當日流程再次確認與溝通。

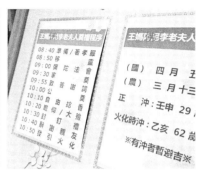

受賻接待人員安排　　　　　　奠禮流程與日課表

二十四、奠禮流程

（一）準備

祭品、用品就位，全體孝眷著孝服集合完畢。

（二）移靈

由法師帶領孝眷，由子女與孫輩各執招魂旛恭請靈位與香爐請靈、移柩至會場，會場人員應肅立恭迎。

（三）接外家

備外家服至會場外跪接。

（四）誦經

恭請師父、師姊全體孝眷一同合十誦念。

家眷親屬穿戴孝服孝誌　　　　　法師帶領恭請魂帛

確認大體或靈柩

恭請靈柩至奠禮會場

母喪跪接外家儀節

恭迎法師靈前誦經

帶領奠禮前誦經

辭生、放手尾儀式

（五）辭生、放手尾

　　辭生為看得見死者容顏最後一次之祭奠，也是亡者辭別「生人」階段最後一次祭奠，故名「辭生」。辭生準備十二道菜、白飯一碗、筷子一雙。祭品陳列於死者面前，由道士協助家屬行辭生禮，並用竹筷代死者夾菜，

每夾一道便唸一句吉祥話。

　　「辭生」後即是「放手尾錢」的習俗，手尾錢只是一種象徵性的金額，象徵死者愛護子孫，留下財產分給眾子孫，希望能藉著死者的餘蔭恩德，使子孫以後能繁華富貴，俗稱：「放手尾錢，富貴萬年」。其方法是，事先將一些銅錢或紙幣放在死者的衣袖內，要入殮前再將衣袖內的錢放入米斗內，然後將這些錢分贈給子孫。

（六）家奠禮（以喪禮服務乙級證照考試內容規範為準）

　　1.依照與逝者的親屬關係，由近至遠，由親至疏，祭拜程序如下：

　　　(1)逝者為女性：（不）杖期夫＞孝子、媳、女兒＞女婿＞直系卑親屬＞胞兄弟姊妹＞夫胞兄弟姊妹＞孝侄、外甥＞宗親代表＞姻親。

孝男、孝媳、孝女行奠拜禮

孝孫行奠拜禮

孝女婿行奠拜禮

孝孫、孝孫女行奠拜禮

胞兄弟姊妹行奠酒禮

胞兄弟姊妹行獻花禮

孝眷跪謝致奠長輩

長輩引導孝眷起立

(2)逝者為男性：護喪妻＞孝子、媳、女兒＞女婿＞直系卑親屬＞胞
　　兄弟姊妹＞孝侄、外甥＞宗親代表＞內兄弟姊妹＞姻親。

2.奠拜禮節：

　(1)與逝者同輩：靈前上香三拜、獻花、獻果、獻酒／香茗，行三鞠
　　躬禮致奠。

　(2)為逝者直系卑親屬：靈前上香三拜、獻花、獻果、獻酒／香茗，
　　行三跪九叩禮致奠。

　(3)為逝者侄甥晚輩：靈前上香三拜、獻花、獻果、獻酒／香茗，行
　　三叩禮致奠。

3.客家行祭：

(1)客家傳統通常會由外家或族親帶來奠品奠拜，奠禮前會有「迎櫬」的安排。

(2)奠禮開始及結束時要行「鳴炮禮」。家奠前要先「告靈」、「告祖」、「告天地」，之後隨即進行「客家三獻禮」。

(3)儀式多由客家同姓宗親者擔任司儀，由禮生唱禮，執事傳送祭品，帶領孝男向逝者上香、獻花、獻果、奠酒、降茅、三叩首後，繞其牲禮桌一圈。此動作要行三次，稱為「三奉三獻」，其間由宗親司儀代讀哀章，再由孝眷者各呈葷獻、宗親代表獻花、外家親友獻果等。家奠結束由孝媳侑食「進羹飯」。

客俗迎奠品擺放

客家奠拜的五牲祭品

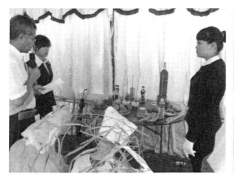

告祖告靈儀式

告天地儀式

客家三獻禮

客家行祭

司儀代讀奠文，孝眷跪地

「進羹飯」祭品

　　(4)家奠完成時指派人員行「誄詞事略」，再指派人員行「致答謝詞」。

（七）致答謝辭、生平事略介紹

　　孝眷於靈前面向來賓成一橫排，由家屬請專人或委由司儀主持，現今由於影像記錄普遍，媒體資訊應用發達，生平事略介紹有改用以生命光碟撥放的方式取代，亦頗具意義。

致答謝辭，孝眷鞠躬致謝

司儀主持致答謝辭

(八)公奠禮

　　由機關團體、民意代表、公司行號參加，由司儀主持，個別依序邀請公奠單位靈前奠弔，行上香、獻花、獻果及鞠躬禮後，孝眷就答禮位置進行答禮。唱名單位順序為：

1.公部門：地方首長（父母官）。

2.公家機關：五院、八部。

3.民意代表：中央＞縣市＞鄉鎮。

4.公司行號、團體（依非營利團體優於營利單位之排列）。

公奠單位依序上前奠弔

民意代表慰問家屬

代表公奠

家屬兩側答禮

先安排非營利組織公奠

公司行號公奠

逝者友人參加自由捻香

非團體個人參加自由捻香

（九）自由捻香

　　未致奠個人來賓參加自由捻香，孝眷就答禮位置進行答禮。

(十)瞻仰儀容（視大體保存方式做安排）

　　孝眷先行進入停柩區立於靈柩兩旁，來賓隨後進入瞻仰，向逝者致上祝福或致敬，孝眷在旁回禮表示感謝，最後由孝眷圍繞靈柩，致上心中「道謝、道歉、道愛、道別」的祝福。

自由參加瞻仰遺容

孝眷在側致意

孝眷於蓋棺前做最後的道別

蓋棺前的叩謝道別

(十一)大殮蓋棺

　　為考量在場來賓有沖煞的禁忌，會請所有來賓暫時迴避停柩區或請背向禮堂，由法師引導，殯葬服務人員執行蓋棺動作；再由法師引領，扶棺人員移靈至會場中準備發引。

工作人員大殮蓋棺　　　　　　　　移靈準備封釘發引

（十二）封釘禮

　　古昔沒有醫生開具死亡證明書及檢察官制度，人命關天，通常須由兄弟審視逝者後才封釘，以免子媳被誤會為草草收殮，甚至被認為是遭虐待死亡。禮節以茶盤上置斧頭繫紅布、一根釘繫紅布、一塊紅布（紅布本係繫讓釘者披肩示吉），有兩份紅包（一份乃贈給點釘者；另一份贈給念吉祥語者）。

　　長子（孫）雙手持盤率兄弟及長孫至點釘者之面前恭請安釘，依古禮須頂盤跪請安釘；如點釘者比亡者低一輩，則點釘時必須以小椅墊腳。

　　孝眷面向柩前跪下，此時司儀或道士念吉祥語：「雙腳跪落地，黃金鋪滿地，四時無災殃，萬年大吉昌。」一手拿釘並引導點釘者執斧依序四端安釘，謂之「點斧」，並邊點邊念吉祥語。家族聽了吉祥話異口同聲曰：「好」或「有」。四端點畢，再將釘輕釘在柩頭邊叫做「子孫釘」，其點斧四端再頂端一釘如「出」字。

　　舊慣為女性往生須請外家（母舅）確認封釘，時至現今，男性逝者也普遍有舉行封釘禮。藉由法師或執禮人員說的吉祥話，來象徵趨吉的祝福，在儀式最後由兒子（長孫）咬起子孫釘留存於香爐內，俗諺：「子孫釘咬起來，代代攏有好將來；子孫釘插入爐，人人攏有好前途。」

跪請叔伯（母舅）封釘

法師帶領封釘長輩先向逝者行鞠躬禮

法師帶領封釘，說好話

孝男咬起子孫釘

（十三）發引

　　如為土葬儀式，抬柩者用大麻繩將靈柩與「大龍」緊緊捆縛紮穩，再將「蜈蚣腳」等槓桿準備，進行「絞棺」以利扛動，所有預備工作完成後，準備發引。

土葬發引前進行絞棺

絞棺的繩結

　　法師帶領孝眷繞棺三圈，意謂「繞樹三匝，依依不捨」，隨後依樂師、法師、靈柩、孝眷之順序排列啟靈發引；外省籍家庭多有在發引前舉行啟靈禮的奠拜儀式。

　　送葬隊伍依序行進，於預先安排的適合地點讓靈車暫停，將靈柩送上靈車，子孫向後轉進行辭客儀式。

法師帶領孝眷繞棺三匝

啟靈禮

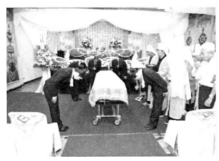

護靈人員向靈柩行禮

扶棺啟靈

土葬扛夫扛動棺木

於合適處將棺木送上靈車

部分地區仍有棺木上肩的要求

親友於兩側目送移靈發引

靈柩上車

樂師、法師引領靈車出行

　　司儀帶領孝眷轉向面對送殯親友跪謝或鞠躬，懇請他們留步，稱為「辭客」，禮俗上姻親親屬、外家不送殯，於辭客後不送葬親友，洗淨後即可離去。

孝眷致上貼拜回禮

孝眷跪謝親友（外家）

　　舊慣在殯葬行列所經途中，有親朋故舊因感念逝者會在道旁設奠（排香案或以花、果、牲禮等），稱為「路祭」，此時靈柩宜稍緩，俟其奠弔完畢始繼續前進。家屬應以禮品或紅包致謝，現因環境變遷已較少見。

(十四)火化／土葬

　　若採火葬，靈柩抵達火化場先進行火化前的奠拜，再依訂定時間進爐火化。進爐前舊慣孝眷多跪在爐前，呼請逝者謂「火來了，快走」，佛教徒則以誦念佛號更顯莊嚴。待火化完成，由工作人員進行撿骨裝罐。

靈柩準備進爐

法師帶領火化前誦經

孝眷呼請先靈遠離火力　　　　　　　撿骨裝罐

　　若發引土葬，將靈柩送達墳地時先置於壙旁，家屬依序把逝者的「魂帛」牌位等放在供桌前，等法師念經完畢，開始「放栓」（開龍門），亦即在棺木尾部開洞通氣，以利屍體早日腐化。最後再依地理師擇定的下葬時辰放下靈柩、靈旌，並依擇定之方位調整靈柩座向，家屬必須以鐵鍬剷下土覆於棺木上，墓地工作人員再以掩土封壙，地理師會主持「呼龍」、「撒五穀子」……的儀式。

土葬待時入壙　　　　　　　　　　　開龍門放栓

若遇墓道太小，多用機械取代人力

拉繩緩降棺木置入墓穴

地理師確認靈柩之座向

地理師主持呼龍、撒五穀子儀禮

造墓師傅進行覆土植草

墓前祭拜

　　「完墳」又稱「完山」，亦叫「謝土」，於墳墓築成後擇一吉日為之。現因工商社會忙碌，多於安葬當天將祭品調整擺放位子再行祭拜，法師帶領孝眷繞行墳墓即為禮成。

(十五)返主儀式

　　法師會引導家屬，在安葬或火化後將魂帛迎回，供奉於祖先牌位的右前方，直至滿七之前仍須早晚供飯，滿七之後改為初一、十五供飯，直至對年、合爐。若家中沒有祭拜祖先或安奉祖先牌位，現有將魂帛（香火袋）隨同骨灰晉塔安奉的權宜做法，家屬於重要節日時，前往祭拜即可。

祖先牌位右前方置新亡魂帛

魂帛亦有化香火袋另置吊籃的做法

也有香火袋隨骨罐暫入塔位的做法

寶塔內設奉食堂

提供早晚、年節供飯的服務

　　現今工商社會大部分的家屬於「尾旬」、「作百日」時，將臨時豎靈時所作的靈桌完全撤除，並選一個吉祥的方位安奉魂帛及香爐，請道士唸經、上香、燒銀紙稱為安「清氣靈」，現在多於奠禮前即將「滿七」做完，若孝眷於對年合爐前無法如期拜飯者，部分納骨堂塔亦設置了「奉食堂」提供拜飯之服務，當先人進塔後，由法師引魂恭立牌位，代辦早晚或直至對年前之初一、十五拜飯，以滿足孝眷報恩盡孝之心情。

(十六)進塔安奉

　　由孝眷送往安奉之塔位，由法師帶領家屬安位誦經後，安座禮成。

晉塔誦經

安位禮成

第二節　基督信仰禮俗

　　基督信仰相信靈魂可以因信仰基督與上帝，經由死亡的過程從有限的生命過渡到永恆的生命。死亡是肉身的毀滅與消失，卻是靈魂永生的起點。相信凡事上帝皆有旨意與安排，可以在耶穌愛的赦罪與救贖下，因信仰而得到重生的契機，日後安息也能在上帝處所相會，得到上帝接納，進入天國與上帝同在。以下就基督教與天主教兩大教派做以下敘述：

一、基督教殯葬禮拜儀禮

　　基督教於親人臨終時，都要請牧師或長老到場主持祝禱，堅定臨終者的信仰，並祈求神的帶領，卸下身心重擔，平靜、安詳地回歸天上，安息在主的懷裡。教會多有牧師或長老幫忙處理後事，儀式也由殯葬業者與教會牧師協調安排。基督教的殯葬禮儀中，沒有華人傳統的引魂，若是教友安息後，靈魂就會回到「天家」，因此也不設靈堂和牌位，依照上帝所賜都是好日子的慣例，入殮後通常在逝者安息七日左右，即舉行告別追思禮拜，禮拜中多有準備程序單提供與會使用。

基督宗教的十字服壽衣

禮拜程序單

牧師帶領入殮禮拜

牧師主持告別禮拜

唱詩班獻詩歌

教堂外布置

發引行列

牧師與親友會眾於火化前獻上詩歌

　　由牧師帶領家屬進行入殮禮拜後，舉行告別禮拜，儀式主要有敬拜、感恩、追思、安慰及佈道等，先經由司儀的宣召，在牧師或長老的帶領下，唱詩、禱告、讀經、獻詩、證道、追思、家屬致謝、唱詩，最後在祝禱下，完成亡者人生最後一場安息禮拜。

　　告別禮拜程序範例：

1.序樂：會眾靜默。

2.唱詩：全體會眾唱〈奇異思典〉。

3.禱告：牧師主導。

4.讀經：傳道《聖經》〈傳道書 3：1-2〉、〈詩篇 23:4〉、〈詩篇 90:1-3〉。

5.獻詩：唱詩班獻詩〈思典之路〉。

6.證道：牧師證道「祢的杖、祢的竿都安慰我」。

7.生平追憶：由家屬代表。

8.唱詩：會眾唱〈相約在主裡〉。

9.祝禱：牧師主持。

10.禮成：司琴演奏。

11.安葬或火化。

二、天主教殯葬彌撒儀禮

　　天主教於明朝時即有利瑪竇等傳教士來中國傳教。為讓中國人接受天主教，在喪葬禮儀方面，天主教有許多妥協的做法，可設立魂帛牌位和燒香、供果祭拜。教友安息後的殯葬禮儀流程融合了現代喪俗，主要的告別儀式稱為殯葬彌撒。

　　天主教教友在臨終彌留時候，可由神父主禮「和好聖事」、「傅油聖事」、「感恩盛事」，藉由天主的恩賜，解除臨終者在世時所犯之的錯，並由神父帶領臨終者與家屬祝禱，讚美天主，並堅定獲得救贖的信念。

在停靈期間，以禱告或獻彌撒的形式來追思和祈求天主的降福。親戚和教友們聚集在逝者靈前唱聖歌和禱告，誦念〈天主經〉、〈聖母經〉和〈聖三光榮經〉後誦讀〈玫瑰經〉和〈慈悲串經〉。

出殯前一晚有守夜禮，可獻彌撒為逝者祈禱。殯葬彌撒前，有入殮禮、守靈禮、迎靈禮；殯葬彌撒則包括進堂式、聖道禮儀、聖祭禮儀、領聖體禮；之後的告別禮則有邀請祈禱、告別曲、灑聖水、獻香、為逝者祈禱文；最後依習俗的家奠、公奠等儀式後啟靈發引。

移動式停靈冰箱

天主教式靈堂布置

神父主持入殮彌撒

天主教殯葬彌撒布置

神父向逝者灑聖水、獻香

神父主持聖祭禮儀

家奠儀禮

安葬墓園

殯葬彌撒流程如下：

1.殯葬彌撒前：入殮禮＞守靈禮＞迎靈禮。

2.殯葬彌撒：

(1)進堂式：進堂詠、致候詞、懺悔詞、求主垂憐經、集禱經。

(2)聖道禮儀：讀經、答唱詠、福音前歡呼詞、福音、信友禱詞。

(3)聖祭禮儀：準備祭品、獻讀經、頌謝詞、感恩禮。

(4)領聖體禮：天主經、平安經、羔羊讚、領聖體、領主詠、領聖體後經、祝福禮。

(5)告別禮：邀請祈禱＞詞或告別曲＞灑聖水＞獻香＞為逝者祈禱文。

(6)家奠儀式：隨禮俗依子女排行及親疏關係，安排遺族及親屬，尊重個人宗教信仰，上香或灑聖水三次，獻奠、讀奠文、全體家族向遺像及靈位行禮。

(7)公奠儀式：上香或灑聖水、獻奠品、讀奠文、向遺像（或遺體靈位）行三鞠躬禮。

(8)啟靈禮。

(9)發引。

　　火化／安葬、晉塔：天主教原不主張火葬，但是東傳的天主教徒卻是較早接受現代火化觀念，目前大多採用火化儀式。遺體火化後骨灰也以骨灰罈貯存，安放於靈骨塔中。採用土葬者，則一樣埋葬築墳。

　　天主教和臺灣傳統喪禮一樣，出殯後返主安靈，設立靈位追思、祭祀與誦經祈禱，直至三年除靈。惟今許多人家裡不奉祀祖先牌位，而於出殯後，即把魂帛焚化，不再行返主安靈。部分天主堂中也有供奉教友祖先的牌位，上題「永光照之　息止安所」。這與早期天主教以「入境隨俗」的態度，進入臺灣社會允許教友拿香祭祖的權宜有關。

天主堂內的祖先牌位區

第三節　現代殯葬觀念

第一，傳統殯葬習俗流程之訂定有其緣由，而在講求性別平等尊重的現代社會，需要隨社會變遷而做調整，傳統喪禮中教孝、報恩、盡哀、重倫理、強調傳承之基本精神，是我們必須恪守和堅持的。以「禮」和「孝」為基礎，再加上符合現代需求的「殯葬自主・性別平等・多元尊重」新時代核心價值，讓現代喪禮有了最合宜的內涵。

第二，由於殯葬設施的租用與訂定，須配合當地殯儀館、火化場的時間來安排，在「時時是好時，日日是好日」的觀念下，建議不必選定特定時辰。

第三，有關喪禮儀式之執行人應由家族成員經過民主協商決定，不應限制女性不能擔任喪禮儀式的主持者。建議由家屬依下列方式擇一辦理：

1.有子有女──子女協商或不論性別由出生行之最長者擔任。
2.無子有女──女兒擔任。

第四，若一年內家中有兩人先後不幸過世，通常會有「祭三喪」儀式，只是希望不要再有第三次不幸的意思，而生死無常乃自然之事，切勿執著。

第五，舊俗病人在天亮前尚未用餐時去世是好徵兆，因為亡者比較疼子孫捨不得吃，是為子孫留三頓；而於晚餐後去世，對子孫最不利，在中國舊俗說逝者把米糧都吃光了，沒留東西給子孫吃，即最不照顧子孫，故於晚餐後才去世的，子孫須向亡者求些飯菜回來，讓子孫們日後有飯吃，部分地區會請師父做「求飯（乞米）」之儀式，請逝者留一餐給子孫吃。在舊慣習俗中仍然可發現一些違反倫理之行為，父母哺育兒女一生，得來如此之猜想，實為不值，而在現今社會進行實令人啼笑皆非，而且有違倫理道德，應加以去除。

　　第六，舊慣傳說居喪家屬一年內避免進廟宇，或有人說佛寺沒禁忌，道教廟宇則不行的說法。根據上述疑慮，經廟方「道教總廟——三清宮」總幹事講解得知：神佛均為慈悲護佑藜庶，無有分別，更何況喪親服孝在身，亟須需神佛照護之人。有此禁忌之傳言，應是信眾於該期間自慚形穢，深怕汙濁了勝地，恐對神明不敬的擔心而已。

3.葬後儀節

　　根據《朱子家禮》喪禮於百日卒哭後，仍有小祥、大祥及禫禮，對年為小祥祭，小祥後再暮為大祥祭。葬後的祭拜時間包括：

1. 歲時節日：出殯後於春節、元宵節、清明節、端午節、中元節、重陽節、冬至等節日祭拜新亡，都應提前一天舉行，翌日再祭祖。

2. 百日：逝世當天算起一百日所做之祭祀，應舉哀追思，稱「做百日」，子孫於滿七未換孝者，於當日須換孝。部分地區亦有提前做百日，即依兒子的人數加上長孫由「百日」的日數扣除之；客家族群為「百日」加上人數為之。

3. 對年：逝世一週年（農曆為準）所做的祭祀，應舉哀追思，子孫親友舉行追悼，稱「做對年」；若跨閏月則提前一個月舉行，因亡者無閏月之說。故於往生後十二個月即為對年，目前民間亦普遍依此規定執行。

對年合爐的祭拜

4. 三年：對年後再一週年（農曆為準）所做的祭祀稱之，今大多省略或於對年當日即為之。

5. 合爐：委請法事人員把魂帛化掉，並將名字寫在祖先牌位上，將爐灰取一小部分放至祖先香爐中叫「合爐」（古稱禫禮）。意義為逝者喪期既滿，將其香爐中部分香灰加入祖先之香爐，此後新死者之牌位方可與祖先牌位同受奉祀，古代在二十五個月後擇吉日舉行。目

前民眾於對年、三年、合爐的做法，除少數仍遵循古制之外，有對年於對年日做，三年、合爐於對年後擇吉日施作之做法，亦有擇近於對年之日，上午先做對年法事祭拜，隨後進行三年祭及合爐儀式；甚至簡化為只做對年隨即合爐，將三年祭省略或僅由法事人員向先靈稟明「合於對年祭一併完成」。

6.培墓與掃墓：新墳完墳後三年內要「培墓」，子孫須備三牲四果祭祀，第一年開墓頭要在清明節前擇一日，第二年在清明節當天，第三年在清明節後擇一天。此後每年在清明前後率子孫帶水果墓紙前去掃墓。

7.新忌：即「逝世」後第二次逝世紀念日，此後年年此日做忌日。今日中、南部地區猶普遍進行「個人忌」；因子孫繁忙及先祖眾多，以工商時代為省時間，近來部分地區遂有「總忌」之產生；「總忌」日期大多定於每年九九重陽日，備牲禮祭拜眾祖先，故又俗稱「重陽」為祖先祭，而「總忌」的做法也普遍為民眾所接受。

8.撿骨（拾金）：葬後數年為之，台灣由於移民社會的特性，加上氣候等因素，撿骨後重新安葬或將骨骸施行二次火化裝入骨函晉塔之俗，相當普遍。

擇定當年大利方破土啟攢　　　　待開棺撿骨的墓穴

4.殯葬訊息

第一節　綠色殯葬

臺灣地狹人稠，若繼續按照傳統以大量磚塊、水泥、大理石等堅固材料來建造墓園，現存的公墓用地將很快耗盡。內政部近年來積極推動提高火化率，引導民眾改善殯葬行為。據統計，我國遺體火化率由 82 年的不到五成（45.87%），至 99 年起已突破九成，108 年更提升至 98.70%，顯示民眾喪葬觀念隨政府宣導及時代進步已有大幅改變。隨著民眾對遺體火化的接受度提升，火化塔葬已成主流。惟目前塔葬仍有永久占用土地資源之缺點，為使環境永續發展，部分縣市已開始推動各項創新的綠色殯葬服務，包括辦理樹葬、海葬等環保自然葬，不但可節約喪葬費用，「回歸自然，綠蔭後人」的環保理念，更為寶島塑造「節葬」與「潔葬」之新殯葬文化。推行「綠色殯葬」已是世界性殯葬改革方向，內政部將持續推廣環保自然葬、植樹祭掃等綠色殯葬方式，以促進人與人、人與自然的和諧共存，真正打造綠色、人文、和諧的高品質生活，並滿足民眾的多元需要。

一、環保自然葬

所謂環保自然葬，指的是當人死亡後，以火化的方式將遺骸燒成骨灰，之後不做永久的設施，不放進納骨塔，亦不立碑，不造墳。現行環保葬，在人往生之後到安葬之前，所有的殮殯奠等喪葬儀式其實和一般葬法都是相同的，也可說是：「讓遺體化作春泥，回歸大地，避免環境的破壞，節省土地的資源，提升殯葬文化及人的精神內涵。」無論是樹葬、灑葬、海葬、花葬，都是透過大自然的洗禮，讓生命經火化蛻變而脫胎換骨，浴火重生，來得自然，走得輕鬆安詳。

二、環保自然葬類別

(一)樹（花）葬

　　樹葬與花葬是指於公墓內將骨灰藏納於土中，再植花樹於上，或於樹（花）木根部周圍埋藏骨灰之安葬方式。實施樹（花）葬之骨灰須經研磨裝入容器，其容器材質應易於自然腐化，且不含毒素成分，目前多使用玉米澱粉製作、可分解的骨灰罐，或是更易分解的棉紙袋。

樹葬園區

樹葬墓位

(二)海葬

　　海葬是將研磨處理過之骨灰（或裝入無毒性易分解材質之容器）拋灑於政府劃定之一定海域。火化後的骨灰，須經過再處理，使其成為小顆粒或細粉，目前的做法是用雙層環保袋包裹盛裝，並加入五彩石增添重量，當船行駛至外海，由家屬為亡者誦念最後祝福祈語後，將環保袋伴隨鮮花拋向海中，於眾人默禱下，目送骨灰沉入海中。骨灰灑向海洋，衝破了傳統的「入土為安」觀念，是繼墓葬以後的重大改革，臺灣地區四面環海，海葬若能慢慢蔚為風氣，將是未來臺灣殯葬文化另一特色。

公辦聯合海葬儀式

聯合海葬會場外追思卡片

將骨灰灑向大海

灑下花瓣與祝福

（三）灑葬

　　灑葬（公墓內骨灰拋灑）及植存（公墓外骨灰拋灑或埋藏）是指在政府劃定的特定綠化地點、花園或森林，以拋灑或埋藏骨灰之方式進行，不立墓碑不設墳，不記亡者姓名，以供永續循環使用，並彰顯人於往生後一律平等之觀念。

三、環保自然葬的實施

　　民眾只要備齊相關證件（死亡證明、火化證明等），就可以到有辦理環保葬的直轄市、縣（市）主管機關辦理申請，沒有資格限制，逝者不必要是該縣市市民、也不必一定要是往生後多久之內才能申請。

將骨灰埋入植存專區土中　　　在骨灰上覆土完成植存

四、實施地點

　　目前我國公墓內可實施骨灰樹（灑）葬之地點計有二十七處，公墓外可實施植存之地點共兩處。舉例如下：

- 台北市陽明山第一公墓「臻善園」
- 新北市新店區公所四十份公墓
- 桃園市楊梅市生命紀念園區「桂花園」樹葬專區
- 苗栗縣竹南鎮第三公墓多元葬法區
- 台中市大坑區「歸思園—大坑樹灑花葬區」
- 彰化縣埔心鄉第五新館示範公墓
- 嘉義縣中埔鄉柚仔宅環保多元化葬區
- 臺南市大內骨灰植存專區
- 高雄市燕巢區深水山公墓樹灑葬區「璞園」
- 屏東縣林邊鄉第六公墓樹葬區
- 臺東市殯葬所懷恩園區
- 花蓮縣鳳林鎮骨灰拋灑植存區

・宜蘭縣殯葬管理所「員山福園」。

・新北市金山環保生命園區。

・新北市三芝櫻花生命園區。

第二節　殯葬消費

1.購買殯葬服務，應明訂契約：

(1)依據《殯葬管理條例》第 49 條第 1 項規定：「殯葬服務業就其提供之商品或服務，應與消費者訂定書面契約。書面契約未載明之費用，無請求權；並不得於契約簽訂後，巧立名目，強索增加費用。」

(2)為避免民眾於急迫悲傷之際遭不肖業者以各種名目取巧收費，致使民眾權益受損，內政部業已發布「殯葬服務定型化契約應記載事項及不得記載事項」，並於 96 年 1 月 1 日生效。

(3)購買殯葬服務須知：殯葬服務業就其提供之商品或服務，應與消費者訂定書面契約。

①注意三天的契約審閱期。

②廣告與文宣均視為契約內容之一部分。

③簽約時應留意契約附件約定內容。消費者應於簽約前仔細確認附件所載之殯葬服務業者提供之殯葬服務項目、規格與價格，服務項目不得使用模糊的概念或不確定名詞。

④契約應以書面明訂契約總價及消費者須額外負擔之規費及其他外加費用，且不得約定日後因各種不得歸責於消費者之名目要求消費者另外給付金錢。殯葬服務業者於提供殯葬服務時，因不可抗力或不可歸責於殯葬服務業者之事由，導致契約約定

之服務項目或商品無法提供時，消費者得依殯葬服務業者提供之選項，選擇以同級或等值之商品或服務替代，或要求殯葬服務業者扣除相當於該服務項目或商品之價款。

⑤不得約定契約所載服務項目消費者若未使用則視同放棄，且不得更換。如殯葬服務業者依約完成服務後，有未經使用者，消費者得退還該殯葬服務業者，並扣除相當於該服務或商品之價款。

⑥殯葬業者不得藉故將應交付消費者收執之契約收回或留存。

2.購買「生前契約」應慎選合法殯葬業者提供之商品，考量實際需要，不要抱持投資心態，並應存有風險意識，以確保自身權益。

(1)內政部依地方政府定期進行查核結果，於全國殯葬資訊入口網公布符合《殯葬管理條例》第 50 條第 3 項「一定規模」規定之合法生前契約業者名單，因此建議消費者應先上網確認後，再考慮是否購買。

(2)購買生前契約須知：

①業者應將 75% 的預收費用交付信託。符合「一定規模」條件的業者，必須將預收費用的 75% 交付信託，並將交付信託金額資訊公布在網路，消費者可定期到信託業者的網站查詢所繳費用的信託狀況。

②注意五天的契約審閱期。法律保障消費者五天的契約審閱期，因此消費者應避免僅憑業務員的口頭片面說明即當場衝動性地決定簽約，而應謹慎逐項審閱規定的內容，是否與「生前殯葬服務定型化契約應記載及不得記載事項」（家用型／自用型）有所牴觸。

③契約應以書面明訂契約總價，若有其他的外加費用，例如遺體寄存、冷藏處理、跨區服務應補差額等，都應於契約內明文記

載，且不能以日後貨幣升貶值、通貨膨脹或信託財產運用損失等理由，要求消費者額外付費。

④簽約時應留意契約附件約定內容。消費者於簽約時除應留意契約內容是否符合政府規定規範，也應審視契約附件記載的服務項目與規格是否符合需求並敘述清楚，業者並不得使用概念模糊或不確定的名詞，例如喪禮一場、禮儀人員一組等。

⑤廣告與文宣是契約內容的一部分。法律規定業者不得在廣告與契約上註明「廣告文字、圖片或服務項目僅供參考」的字樣，簽約時一定要確認契約規定的服務與品項，與廣告及業務員口頭告知的內容相同；同時建議將廣告與文宣留存，將來如果履行契約時，發現服務項目與廣告內容有所出入，消費者可以就廣告與契約一併向業者主張權益。

⑥簽約日起十四天內可以書面方式無條件解約。如果簽約前沒有仔細考慮清楚，可以在簽約日起十四天內，以書面方式解約。業者應在契約解除日三十天內，全數退費。對於簽約超過十四天想要解約的消費者，退款金額依契約記載的比率退還，但不得低於總金額的 80%；若契約中沒有記載退款的比率，應全數退還。業者亦不得要求簽約後契約交由業者留存，且依據「消費者於十四天內得以書面要求解除契約，業者應退還全部款項」之規定，業者不得片面以公司作業流程需要為由，遲延十四天以上始交付契約予消費者。

⑦定期檢視契約內容。由於簽訂生前契約到履行契約的時間可能長達數十年，消費者對於身後事處理方式的想法，可能會有所改變，因此應定期檢視是否有調整的需要。因為契約不得約定服務項目未使用視同放棄且不得更換，所以簽約時要在契約上明訂檢視與修改的時間，只要在總價款不變的原則下，都可要

求業者變更服務的項目和規格。同時，若業者停止提供部分服務與商品，得經過消費者同意，以同級品或等值以上的商品或服務替代。若無法提供，則可與業者協議退費。

3.購買「納骨塔位」應慎選合法殯葬服務業者提供之商品。

(1)應慎選合法立案並依規定成立管理費專戶之殯葬設施經營業者；若業者委由他人銷售，應依《殯葬管理條例》第 56 條第 2 項辦理備查。請確定購買之納骨塔業經所在地直轄市、縣（市）政府公告啟用（合法業者資訊請至內政部全國殯葬資訊入口網【合法業者查詢】專區查詢）。

(2)購買納骨塔位須知：

①不宜以投資心態購買：目前納骨塔市場已供過於求，不適合作為投資標的，如以投資目的購買，發生爭執時，並不適用《消費者保護法》中有關消費者保護之規定。

②法律保障消費者五天的契約審閱期。

③簽約後還有選擇換位的權利。

④政府從未規定使用塔位必須同時取得納骨塔建物或土地所有權。

⑤購買塔位後如果反悔，在塔位使用前可以書面方式要求解約退款。如消費者自簽約日起算十四日內辦理解約，業者應退還消費者已繳付之全部價金及管理費；但兼顧行銷成本之考量，超過十四日後，業者得按比率沒收相關費用。如最長超過三年才解約者，業者得沒收不超過總價金 40%的已繳費用，消費者仍必須注意相關權益（請見**表 4-1**）。

表 4-1　消費者解約時間與業者可收之費用

消費者解除契約期間 （自簽約日起算）	業者所得沒收之已付價金及管理費
簽約未超過 14 日	無
簽約超過 14 日至 3 個月內	不得超過總價金及管理費之 10％
簽約超過 3 個月至 1 年內	不得超過總價金及管理費之 20％
簽約超過 1 年至 3 年內	不得超過總價金及管理費之 30％
簽約超過 3 年以上	不得超過總價金及管理費之 40％

5.法律權益

逝者身後諸多事項待家屬辦理，為讓家屬在短時間內通盤了解，並於法定期間內提出申請，茲整理政府相關法令，內容除了財產轉移或拋棄繼承外，亦包含戶籍登記、財產移轉、勞工保險、農民保險等相關事宜，僅供家屬參考，但仍應以政府所修訂法規為準。可參考下列網站：

1.財政部稅務入口網　http://www.etax.nat.gov.tw/
2.內政部戶政司全球資訊網　http://www.ris.gov.tw/
3.勞動部勞工保險局　http://www.bli.gov.tw/

第一節　繼承制度

第一，《民法》改採「部分限定繼承」，如果有長輩過世，繼承人是無行為能力或限制行為能力人，就不用承擔「父債子還」的後果，只要以所得到的遺產為限，負償還責任。98 年臺灣更採取「全面限定繼承」，將限定繼承的層面擴大，凡是 98 年 6 月 10 日新法實施之後才發生的繼承事實，皆以應繼承所得遺產為限，負清償責任。

第二，繼承人仍可辦理拋棄繼承，繼承人如果知道被繼承人所留下的債務大於遺產，或不願意繼承財產時，繼承人可以到法院辦理「拋棄繼承」。但須注意拋棄繼承一定要在知道的繼承時起三個月內辦理，由繼承人檢具相關書面資料向被繼承人過世時住所地的地方法院辦理。

第三，依照民法第1138條的規定，配偶有相互繼承遺產的權利，除了配偶以外，遺產繼承順序如下：

1.直系血親卑親屬（如子女、養子女及代位繼承的孫子等）。
2.父母。
3.兄弟姊妹。

4.祖父母。

第四，被繼承人死亡時遺有財產者，納稅義務人應於被繼承人死亡之次日起六個月內，向被繼承人死亡時亡戶籍所在地主管稽徵機關辦理申報。

第五，遺產稅應檢附遺產稅申報書、被繼承人死亡除戶資料及每一位繼承人現在的戶籍資料、繼承系統表、申報遺產總額之各主張扣除或不計入遺產總額課稅之有關證明文件等相關資料辦理。

第六，應於被繼承人死亡之日六個月內由繼承人至各地政事務所申辦土地繼承登記，並檢附土地登記申請書、登記清冊、繼承系統表、土地及建物所有權狀或他項權利證明書、繼承人除戶謄本、繼承人現戶戶籍謄本、遺產稅繳清（或免稅）證明書等，否則會因未辦理申辦登記而須另行繳納罰鍰。

第二節　戶政事務所辦理死亡登記

第一，先人往生後，可由配偶、親屬、戶長等，直接到死亡者戶籍所在地之戶政事務所，以死亡診斷書（或其他足資證明死亡文件）、申請人之國民身分證印章、逝者之國民身分證、戶口名簿等文件辦理。申請期限自死亡發生之日起三十日內。

第二，辦理死亡登記後，申請人仍可至戶政事務所申請填寫「通報壽險公會亡故者訊息轉請保險公司清查有無投保人身保險服務申請書」，將死亡登記資料通報壽險公會，壽險公會將交由各保險公司協助清查承保情形，再由各保險公司主動通知保險受益人辦理相關理賠給付，免除亡者之保險受益人因不清楚亡故者生前投保情形，而錯失申請保險理賠之狀況。

第三，建議家屬在辦理死亡登記後，可同時申請除戶全戶謄本五至十份備用，日後若申請人壽保險給付、勞保給付、申報遺產稅、聲請拋棄繼承權、不動產繼承過戶、銀行領回存款、車輛過戶等程序時可使用。

第三節　勞工保險給付及農民保險津貼

政府為照顧勞工朋友及農民，分別有勞工保險本人死亡給付、勞工保險家屬死亡給付以及農保喪葬津貼等多項補助，萬一家中親屬往生，記得向勞工保險局查詢各項給付、喪葬津貼的資訊。

參考書目

內政部，2012，《現代國民喪禮》。台北市：內政部民政司。

新北市政府編，2014，《反璞歸真新北市民眾生命禮儀手冊》。新北市：新北市政府民政局。

徐福全，2008，《台灣民間傳統喪葬儀節研究》。台北市：徐福全。

真耶穌教會台灣總會教牧處編，《信徒喪葬手冊》。台中市：真耶穌教會台灣總會。

天主教主教團禮儀委員會編，《殯葬禮儀》。台北市：天主教主教團。

中華太乙淨土道教會，2018，《國際道教生命關懷與臨終助禱學術論壇論文集》。高雄市：中華太乙淨土道教會。

內政部全國殯葬資訊入口網【點滴身後事　輕鬆報你知】，取自：https://mort.moi.gov.tw/frontsite/cms/serviceAction.do?method=viewContentList&siteId=MTAx&subMenuId=103，最後瀏覽日期：2020 年 11 月 1 日。

（佛教助念儀節，由「中華生命再造協會」廖國祥居士提供，部分圖片由楊捷羽、陳易男提供，特此感謝。）

生命關懷事業叢書

禮讚生命——現代殯葬禮儀實務

作　　者／邱達能、英俊宏、尉遲淦
出 版 者／揚智文化事業股份有限公司
發 行 人／葉忠賢
總 編 輯／閻富萍
地　　址／新北市深坑區北深路三段 258 號 8 樓
電　　話／(02)8662-6826
傳　　真／(02)2664-7633
網　　址／http://www.ycrc.com.tw
E-mail ／service@ycrc.com.tw
ISBN ／978-986-298-357-7
初版一刷／2020 年 12 月
定　　價／新台幣 250 元

國家圖書館出版品預行編目（CIP）資料

禮讚生命：現代殯葬禮儀實務 / 邱達能, 英
俊宏, 尉遲淦著. -- 初版. -- 新北市：揚智
文化事業股份有限公司,2020.12
　　面；　公分. --（生命關懷事業叢書）

ISBN 978-986-298-357-7（平裝）

1.殯葬業 2.喪禮 3.喪葬習俗

489.66   109019640